U0159415

THE 24 SOLAR TERMS
FOR CHILDREN

给孩子的
二十四节气

爱华文 ◎ 著

冬

团结出版社
UNITY PRESS

"春有百花秋有月，夏有凉风冬有雪。若无闲事挂心头，便是人间好时节。"吉祥常常听爸爸吟诵这一首诗，他很喜欢，有时自己也吟诵。他还听爸爸说："冬者岁之余，夜者日之余，阴雨者时之余。"这个"三余"，正是读书的好时光。吉祥想，要是冬天来了，就不出去玩了，就在屋子里看点书吧。

　　"那从哪一天开始算冬天呢？"吉祥常常想这个问题，于是就去问爸爸。爸爸说："还记得以前我和你说过，立春、立夏、立秋吗？冬天，自然就是从立冬这一天开始啊！立在古代，就是开始的意思。"吉祥恍然大悟，说道："原来是这样啊。那立冬一到，就是冬天了喽！"

立冬

二／十／四／节／气

立冬
简介

BEGINNING OF WINTER ❄

二十四节气·冬

《立冬》· 左河水

北风往复几寒凉
疏木摇空半绿黄
四野修堤防旱涝
万家晒物备收藏

　　立冬是二十四节气里面的第十九个。立冬这一天，一般在公历11月7-8日之间。我国民间一般以立冬这一天作为冬季的开始。《月令七十二候集解》里面说："立冬，十月节。"立冬这一天，为十月节。"冬，终也，万物收藏也。"冬这个字，有终了的意思，代表万物这个时候要收藏起来。万物的自然规律都是春生、夏长、秋收、冬藏。到了冬天，田野里都很少有农作物，全都收晒完毕，储藏起来了。很多动物也都开始进入"冬眠"期，过去是农业社会，冬天人们大多数都在家里，很少出外劳作。这时可以看看书，或者做些适合冬天的手工活计。在有的地方，人们有立冬这一天进行冬补的习俗，这样可以增强体质，以抵御冬天的寒冷。

3

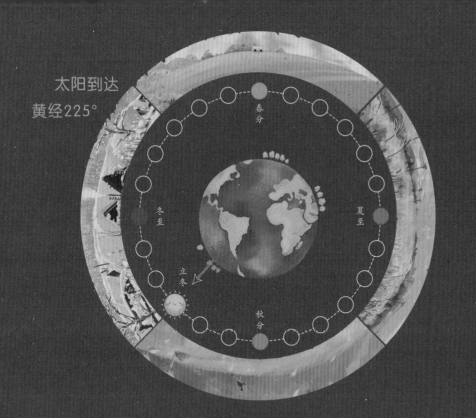

太阳到达
黄经225°

春分

冬至

夏至

立冬

秋分

天文气候

从天文学上讲，"立冬"是冬天的开始。但是要是依照气候学划分，我国大部分地区要过二十天之后才进入冬天。立冬时节，太阳已到达黄经225度，我们所处的北半球获得太阳的辐射量越来越少，但由于此时地表在下半年贮存的热量还有一定的能量，所以一般还不会太冷，但气温逐渐下降。不过，在天气晴朗的时候，立冬之后也会有温和的"小阳春"天气。

"立冬"之后，我国大部分地方降水都会明显地减少了。开始逐渐出现雨、雪、雨夹雪、冰粒的天气。冷空气开始加强，气温会越来越下降，有的时候也有回暖的现象。这个时候，空气中积累的污染物会比较多，容易形成浓雾。

一候 水始冰

"水面初凝，未至于坚也。"有的地方会出现水面开始结冰的现象，不过，这个时候还是一层薄冰，还不坚固，轻轻一碰，就会碎掉。

二候 地始冻

"土气凝寒，未至于拆。"由于地底有寒气开始上升，这个时候土地开始封冻，土质会变得硬邦邦的，不过还没有到龟裂的地步。我国有的地方种冬小麦，这个时候就要下种了。

三候 雉入大水为蜃

雉是指的野鸡，蜃古人注解都说是大蛤。因为这个时候鸟儿都开始蛰伏起来了，但是大蛤却在大量繁殖，所以古人认为它们是野鸡变成的。

立冬的前后，是菊花盛开的季节。这个时候的菊花是最美丽的花朵，如果有时间，不妨去看看争奇斗艳的菊花吧。

银杏树是树中的老寿星。这个时候，银杏树的叶子也开始逐渐变黄了，正是最美丽的时候。

银杏这个时候开始变黄，元宝枫的树叶却开始变红色了。如果你在北京，去香山看漫山遍野的红叶正当时。

进入冬季之后，动物在野外的食物逐渐减少了，因此，有的动物有冬眠的习惯。比如蛇和青蛙，它们是变温动物，体温会随着外界的温度变化而发生变化。冬天温度降低，蛇和青蛙的体温也降到了不能活动的状态，所以就会进入冬眠的状态。还有一些恒温的动物，比如刺猬，它们到冬天后也无法觅食，于是就缩着身子在洞里，一动也不动，这样就可以减少能量的损耗。

农事活动

　　立冬前后，是"秋收冬种"的黄金时期。这个时候，我国的东北开始土地封冻，农林作物开始进入封冻期。江淮地区"三秋"已接近尾声；江南正忙着抢种晚茬冬麦，抓紧移栽油菜；而华南却是"立冬种麦正当时"的最佳时期。这个时候，要充分利用好天晴的时候，搞好晚稻的收、晒、晾，保存入库。播种冬小麦最好在天晴的时候，这时播种的质量最好。

迎冬

立冬这一天，和立春、立夏、立秋合称四立，也就是春、夏、秋、冬开始的日子。在古代，这个一个很重要的节日。因为我国过去是以农耕为主，春、夏、秋三季都很忙，冬天才比较有闲，大家劳动了一年，所以在这一天要休息一下，顺便犒赏一家人的辛苦。民间有一句谚语，叫做"立冬补冬，补嘴空"，意思就是要在这一天吃点好吃的，补补身体。

在中国古代，皇帝在立冬之日要率领大臣们一起来到郊外，迎接冬天到来。皇帝这一天还要赐给大臣们冬天穿的衣服，并对孤寡的老人要进行抚恤。

贺冬

贺冬，也叫做"拜冬"。我国在汉代的时候，就有这样的习俗了。就是在这一天，要准备好的食物和美酒，请父母长辈、老师们享用。到了宋朝的时候，大家会穿上新的衣服，互相来往，和过年的时候差不多。到了清朝，都还有"贺冬"的习俗。进入民国以后，这个习俗就逐渐简化了。不过，现在有的拜师、办冬学的活动，都在立冬前后举行，也是受"拜冬"传统的影响吧。

我国北方很多地方都用立冬这一天要吃饺子的习惯。为什么要在这一天吃饺子呢？因为饺子源于"交子之时"，立冬是秋冬季节之交，故"交"子之时的饺子不能不吃。秋收冬藏，这一天改善一下生活，所以就选择了吃饺子。不过，在南方有的地方就没有这样的习惯。

节气民谚

立冬东北风，冬季好天空。（闽南）

立冬小雪紧相连，冬前整地最当先。（江南）

西风响，蟹脚痒，蟹立冬，影无踪。（江南）

立冬种豌豆，一斗还一斗。（南方）

立冬晴，一冬晴；立冬雨，一冬雨。（客家）

立冬北风冰雪多，立冬南风无雨雪。（江南）

立冬落雨会烂冬，吃得柴尽米粮空。（闽南）

立冬

（清）左河水

北风往复几寒凉，疏木摇空半绿黄。

四野修堤防旱涝，万家晒物备收藏。

赏析

这是一首写立冬时期景象的诗词。诗人先是感受到空气中开始刮起了寒冷的北风，北风一吹，树叶逐渐一点点由绿变黄，从树上飘落下来。前面这两句，写的是自然景象。接下来后面两句，就是写的人事现象了。由于秋收之后，大家不再那么忙碌，就可以组织人力开始修筑堤坝，来预防来年的旱涝了，各家各户也晾晒各种物品，准备过冬收藏了。

立冬前一日霜对菊有感

（宋）钱时

昨夜清霜冷絮裯，

纷纷红叶满阶头。

园林尽扫西风去，

惟有黄花不负秋。

赏析

这是作者在立冬的前一天所作的一首诗。作者通过这一首诗，表达了对菊花在霜过之后依旧傲然盛开的赞叹之情。前面两句描写的是即将要立冬，霜过而让天气变得寒冷，随着秋天即将过去，冬天到来，树上的红叶纷纷掉落满地；后两句写的是园内的西方刮过之后，园子里的花草树木都被吹走了，只剩下菊花依然傲霜挺立，让人觉得肃杀的秋季还有生机。

冬天的气息越来越明显了，冷空气不断袭来，地面上开始出现了薄薄的冰。吉祥早就穿上了厚厚的冬衣。

气温降到零度以下，早晨推开门，一股冷冽的风迎面吹来，带进阵阵寒气。吉祥看到日历上显示"小雪"二字，就问爸爸："爸爸，今天日历上写着'小雪'，难道说今天会下雪吗？日历怎么会知道天气呢？"

爸爸说："不是这样的。'小雪'代表的是节气，而不是天气。从这个节气起，有的地方就开始下雪了。"

地面上的露珠变成严霜，天空中的雨滴就成雪花，流水凝固成坚冰，大地渐渐披上了一层洁白的素装。

小雪简介

LIGHT SNOW ❄

二十四节气·冬

《小雪》·戴叔伦

花雪随风不厌看

更多还肯失林峦

愁人正在书窗下

一片飞来一片寒

　　小雪是农历二十四个节气中的第二十个，也是冬季的第二个节气，一般在公历每年11月22或23日。这个时候北方寒冷地区开始下雪，但雪下的次数比较少，雪量不大。小雪期间气温继续走低，直接表现是我国北方大部分地区的气温逐步达到0℃或以下，同时长江中下游许多地区陆续进入冬季。小雪是反映天气现象的节令。此时虽然偶尔下雪，却不大，地面上并无积雪，这正是"小雪"节气的原本之意。

15

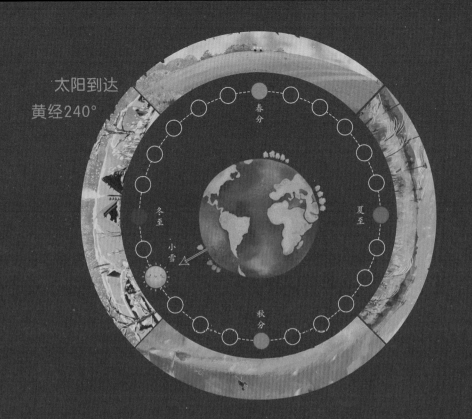

春分

夏至

冬至

小雪

秋分

天文气候

　　小雪在二十四节气中表示降雪的起始时间与程度，进入小雪节气，意味着气温持续走低，天气寒冷，降水状态由雨变成雪。如果说前面节气中白露、寒露、霜降是因气温下降水汽凝为水珠，发展到冷凝为霜，那么，小雪则是寒气降至零下凝为雪。随着冬季的到来，气候渐冷，天空中的雨也变成了雪花，但由于这时的天气还不算太冷，所以下的雪常常落到地面后立即融化了，所以偶尔虽见天空"纷纷扬扬"，却不见地上"碎琼乱玉"，这个时候的雪常常是半冻半融状态，气象上称为"湿雪"；有时还会雨雪同降，这类降雪称为"雨夹雪"；还有时如同米粒一样大小的白色冰粒，称之为"米雪"。

　　随着冬季的到来，全国降水逐渐跌入一年中的低谷，但此时南方的降雨还是相对较多，虽然这些地区12月中下旬才有初雪，但此时的天气却是潮湿而阴冷，初到南方的北方人会感到极不适应。北方的冬天气温虽然经常在零度以下，且通常伴随着呼啸的狂风，可即便气温再低，只要看到太阳，就像顷刻间触到暖意，北方冬天的阳光殷实而透彻，屋里还有着舒适的暖气，不管外面多么天寒地冻、风吹雪飘，屋里总是洋溢着春天般的温暖。

　　节气期间，夜晚北斗七星的斗柄指向北偏西。每晚20:00以后，若到户外，可以看见北斗星西沉，而仙后座升入高空，代替北斗星担当起寻找北极星的坐标任务，为观星的人们导航。四边形的飞马座正临空，冬季星空的标识——猎户座已在东方地平线探头儿了。

小雪三候

一候 虹藏不见

这个时节由于很少有下雨的情况，所以彩虹好像藏起来一样，不出现。古人认为彩虹出现是因为天地间阴阳之气交泰的缘故，而此时阴气旺盛阳气隐伏，天地不交，所以就看不见彩虹了。

二候 天气上腾

天际中阳气上升，地面的阴气下降，导致天地不通、阴阳不交，万物失去生机。

三候 闭塞成冬

由于天气寒冷，万物的气息飘移和游离几乎停止，所以天地闭塞而转入严寒的冬天。

到"小雪"节气，由于天气寒冷，降水形式由雨变为雪，但此时由于"地寒未甚"，所以雪下得次数少，雪量还不大，称为小雪。因此，小雪表示降雪的起始时间和程度，小雪和雨水、谷雨等节气一样，都是直接反映降水的节气。

进入该节气，中国广大地区西北风开始成为常客，气温下降，逐渐降到0℃或以下，但大地尚未过于寒冷，虽开始降雪，但雪量不大。此时阴气下降，阳气上升，而导致天地不通，阴阳不交，万物就开始枯萎凋零，天地闭塞而转入严冬。黄河以北地区会出现初雪，提醒人们该御寒保暖了。南方地区的北部开始进入冬季。"荷尽已无擎雨盖，菊残犹有傲霜枝"，已呈初冬景象。

农事活动

在小雪节气初，东北土壤冻结深度已达10厘米，以后差不多一昼夜平均多冻结1厘米，到节气末便冻结了一米多。所以俗话说"小雪地封严"，之后大小江河陆续封冻。农谚道："小雪雪满天，来年必丰年。"这里有三层意思，一是小雪落雪，来年雨水均匀，无大旱涝；二是下雪可冻死一些病菌和害虫，明年减轻病虫害的发生；三是积雪有保暖作用，利于土壤的有机物分解，增强土壤肥力。因此俗话说"瑞雪兆丰年"，是有一定科学道理的。

小雪时节，秋去冬来，冰雪封地天气寒。要打破以往的猫冬坏习惯，农事仍不能懈怠，利用冬闲时间可以搞农副业生产，因地制宜进行冬季积肥、造肥、柳编和草编，多种渠道开拓致富门路。在此期间还要做好鱼塘越冬的准备和管理，管好越冬鱼种池，是提高鱼越冬成活率的关键。提前做好大型牲畜越冬饲料的准备工作，保证牲畜越冬的存活量。

从节气名称的变化中，我们可看出古人的活动规律——看天生活，以节气的变化安排生活与农事。

做腊肉

民间有"冬腊风腌，蓄以御冬"的习俗。小雪后气温急剧下降，天气变得干燥，是加工腊肉的好时候。一些农家开始动手做香肠、腊肉，等到春节时正好享受美食。

涮羊肉

中国北方，小雪时节，一般人家都要吃涮羊肉。一般的小雪节气里，天气阴冷晦暗光照较少，这个季节宜吃温补的食品，如羊肉、牛肉、鸡肉等，还有腰果、芡实、山药、栗子、白果、核桃等。

尝糍粑

在南方某些地方，还有农历十月吃糍粑的习俗。古时，糍粑是南方地区传统的节日祭品，最早是农民用来祭牛神的供品。有俗语"十月朝，糍粑禄禄烧"，就是指的祭祀事件。

晒鱼干

小雪时台湾中南部海边的渔民们会开始晒鱼干、储存干粮。乌鱼群会在小雪前后来到台湾海峡，另外还有旗鱼、沙鱼等。台湾俗谚："十月豆，肥到不见头。"就是指在嘉义县布袋一带，到了农历十月可以捕到"豆仔鱼"。

做腌菜

在江苏南京有句俗语："小雪腌菜，大雪腌肉。"过去受条件所限，冬天新鲜蔬菜很少，价格也贵，因此大家习惯于在小雪前后腌菜，冬天就靠着这些腌制食品下饭。所以，很多地方，农村都有小雪做腌菜的习俗。

节气民谚

节到小雪天下雪。

小雪节到下大雪，大雪节到没了雪。

小雪封地，大雪封河。

小雪地不封，大雪还能耕。

小雪不把棉柴拔，地冻镰砍就剩茬。

小雪不砍菜，必定有一害。

小雪封地地不封，老汉继续把地耕。

小雪不耕地，大雪不行船。

小雪地能耕，大雪船帆撑。

小雪不封地，不过三五日。

小雪虽冷窝能开，家有树苗尽管栽。

小雪到来天渐寒，越冬鱼塘莫忘管。

小雪大雪不见雪，小麦大麦粒要瘪。

小雪

（唐）戴叔伦

花雪随风不厌看，更多还肯失林峦。

愁人正在书窗下，一片飞来一片寒。

赏析

　　小雪的节气，一场久违的雪事迎合着这个寒气到来的日子，在夜幕中悄然而至。片片洁白的雪花，带着属于她的冰洁，带着属于冬的清冷，从静寂的夜空降下，初雪覆地。朵朵雪花，在晚风中摇曳成诗。

　　随风飞舞的雪花看不厌，再多了还可以让树林和山峦看不见。正在为生计发愁的我坐在书房的窗户下，窗外飞来一片雪花也带进来一片严寒。

　　诗人爱雪，所以也喜欢看到雪覆盖着山林、白茫茫的感觉，但是唯一忧愁的是这美丽的雪花带来的，不仅仅是洁白的美景，还有愈发凛冽的寒气。

小雪日戏题绝句

（唐）张登

甲子徒推小雪天，刺梧犹绿槿花然。

融和长养无时歇，却是炎洲雨露偏。

赏析

　　今年（甲子年）白白地设置了"小雪"节气——你看：带刺的悬铃梧桐还泛着绿色，木槿花开得依然美丽；和煦的气候一直养育着大自然，却原来是南海仙岛温暖的雨露落偏了眷顾到这里。

　　这首七言绝句，语言平直，自然诙谐，"却是炎洲雨露偏"，更透露几分俏皮和满足：一份意料之外的惊喜，一份对大自然的感恩心语。读来让人不禁莞尔，轻松愉悦。

天阴沉沉的，像一大片厚重的棉花压在头顶。空气冷得好像凝固了一样，在外面活动的人，每个人的口鼻呼出的都是一团团的白气。

　　吉祥望着窗外越来越黑的天发呆，爸爸走过来说："吉祥，你不是喜欢看雪吗？天阴成这个样子，今晚差不多就能下一场大雪了。"

　　吉祥听到"大雪"两个字，就问："我在日历上看见'大雪'了。但我知道这个'大雪'跟'小雪'一样表示的是节气，而不是您说的大雪。"

　　爸爸说："对了，'大雪江南见未曾，今年方始是严凝。'大雪在南方少见，主要出现在北方。今晚下了雪，明天你可要好好看看了。

大雪

二／十／四／节／气

《夜雪》·白居易

已讶衾枕冷

复见窗户明

夜深知雪重

时闻折竹声

　　大雪是二十四节气中的第二十一个节气，也是冬天的第三个节气，一般在阳历的12月7日或8日。大雪的意思是天气更冷，降雪的可能性比小雪时更大了。到了这个时候，雪往往下得大、范围也广，故名大雪。

　　这时我国大部分地区的最低温度都降到了0℃或以下。往往在强冷空气前沿冷暖空气交锋的地区，会降大雪，甚至暴雪。可见，大雪节气是表示这一时期降大雪的起始时间和雪量程度，它和小雪、雨水、谷雨等节气一样，都是直接反映降水的节气。

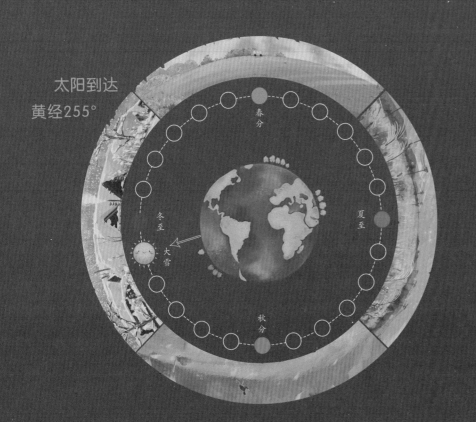

太阳到达
黄经255°

春分

夏至

冬至

大雪

秋分

　　到了大雪节气，降雪的可能性比小雪时大，并不代表降雪量一定很大。相反，大雪后各地降水量均进一步减少，东北、华北地区12月平均降水量一般只有几毫米，西北地区则不到1毫米，大雪是指单次下雪的厚度，按降雪量分类时，一般降雪量5到10毫米。

　　大雪时节，除华南和云南南部无冬区外，我国大部分地区已进入冬季，东北、西北地区平均气温已达零下10℃以下，黄河流域和华北地区气温也稳定在0℃以下，此时，黄河流域一带已经渐有积雪，而在更北的地方，则是大雪纷飞了。但在南方，特别是广州及珠三角一带，却依然草木葱茏，干燥的感觉比较明显，与北方的气候相差很大。

大雪三候

一候 鹖鸥不鸣

鹖鸥是一种鸟类，俗称寒号鸟。在这个季节，天气寒冷，飞禽无踪，走兽无影，连寒号鸟也停止了鸣叫。寒号鸟是最懒惰、最爱啼叫的鸟类，栖息在山岩峭壁的岩洞或裂缝中。

二候 虎始交

虎是哺乳类食肉动物，繁殖交配期一般在11月到第二年2月份。从节令上推算，大雪节气正是虎求偶交配的时期。古人认为，此时为阴气最盛时期，盛极而衰，阳气已经有所萌动，于是老虎开始求偶。

三候 荔挺出

仲冬雪季，万物沉寂，一种叫荔的兰草，也感受到阳气的萌动而抽出新芽，在此时独独长出地面。荔草不是荔枝，而是一种野草，也叫马兰。

29

多雾：华南气候有多雾的特点，一般12月是雾日最多的月份。雾通常出现在夜间无云或少云的清晨，气象学称之为辐射雾。"十雾九晴"，雾多在午前消散，午后的阳光会显得格外温暖。

大雪：强冷空气往往能够形成较大范围降雪或局地暴雪。降雪的益处很多，特别是有利于缓解冬旱，冻死农田病虫，有利于冬季旅游的开展。但降雪路滑，化雪成冰，容易导致民航航班延误、公路交通事故和车道拥堵，个别地区的暴雪封山、封路还会对牧区草原人畜安全造成威胁，俗称白灾。

冻雨：强冷空气到达南方，特别是贵州、湖南、湖北等地，容易出现冻雨。冻雨是从高空冷层降落的雪花，到中层有时融化成雨，到低空冷层，又成为温度虽低于0℃，但仍然是雨滴的过冷却水。过冷却水滴从空中下降，当它到达地面，碰到地面上的任何物体时，立刻发生冻结，就形成了冻雨。出现冻雨时，地面及物体上出现一层不平的冰壳，对交通、电力、通讯都会造成极大影响，还会造成果树损毁。

雾凇：一般每年11月开始到次年2月，西北、东北以及长江流域部分地区，先后会有雾凇出现，湿度大的山区比较多见。雾凇是低温时空气中水汽直接凝华，或过冷雾滴直接冻结，在物体上的乳白色冰晶沉积物。我国冬季雾凇日数多的地方有：黑龙江、吉林、新疆北部、陕西北部。其中，以吉林的雾凇最为有名，连续几天的雾凇，形成的冰雪世界，让爱好旅游和摄影的人惊喜不已。雾凇是受到人们普遍欣赏的一种自然美景，但它有时也会成为一种自然灾害，严重时会将电线、树木压断，影响交通、供电和通信等。

雾霾：12月份，在刚刚迈入冬季的江南，早晨气温比较低时，或是在雨雪过后，近地面湿度大，还有可能出现成片的大雾区。北方部分城市的雾霾天气也会持续不断。

凌汛：冬季，内蒙古包头河段结冰封河，而偏南的兰州河没有封河，河水流向已经封河的河段，由于封河的河段上的冰层和凌坝阻挡了上游下来的河水，迫使水位抬高，容易在包头河段产生水漫河堤的灾害。如果强冷空气来的晚，12月就容易引发流凌灾害，值得关注。

农事活动

大雪时节，除华南和云南南部无冬区外，我国辽阔的大地已披上冬日盛装，东北、西北地区平均气温已达零下10℃以下，黄河流域和华北地区气温也稳定在0℃以下，冬小麦已停止生长。但此期间，农事活动仍然不能松懈。

北方田间管理已很少。人常说："瑞雪兆丰年。"严冬积雪覆盖大地，可保持地面及作物周围的温度不会因寒流侵袭而降得很低，为冬作物创造了良好的越冬环境。积雪融化时又增加了土壤水分含量，可供作物春季生长的需要。另外，雪水中氮化物的含量是普通雨水的5倍，还有一定的肥田作用。所以有"今年麦盖三层被，来年枕着馒头睡"的农谚。若下雪不及时，人们偶尔还在天气稍转暖时浇一两次冻水，提高小麦越冬能力。此时修整禽舍、牲畜圈墙等，帮助禽畜安全过冬。俗话说："大雪纷纷是旱年，造塘修仓莫等闲。"此时还要抓紧冬日兴修水道、积肥造肥、修仓、粮食入仓等事务。妇女们会在此时三五成群，扎堆做针线活。手艺工匠之家将主要精力用在制作上，如印年画、磨豆腐、编筐、编篓等赚钱补贴家用。

江淮及以南地区小麦、油菜仍在缓慢生长，要注意施好肥，为安全越冬和来春生长打好基础。华南、西南小麦进入分蘖期，应结合中耕施好分蘖肥，注意冬作物的清沟排水。大雪节气人们要注意气象台对强冷空气和低温的预报，注意防寒保暖。

腌肉

"小雪腌菜，大雪腌肉。"大雪节气一到，家家户户忙着腌制"咸货"。将盐加花椒等入锅炒熟，待炒过的花椒盐凉透后，涂抹在鱼、肉内外，反复揉搓，直到肉色由鲜转暗，表面有液体渗出时，再把肉连剩下的盐放进缸内，用石头压住，放在阴凉背光的地方，半个月后取出，挂在有太阳的屋檐下晾晒干，以迎接新年到来。

滑冰

"小雪封地，大雪封河。"北方有"千里冰封，万里雪飘"的自然景观，南方也有"雪花飞舞，漫天银色"的迷人图画。到了大雪节气，河里的冰都冻住了，人们可以尽情地滑冰嬉戏。

进补

　　大雪是"进补"的好时节，素有"冬天进补，开春打虎"的说法。冬令进补还能调节体内的物质代谢，使营养物质转化的能量最大限度地贮存于体内，有助于体内阳气的升发。此时宜温补助阳、补肾壮骨、养阴益精。

节气民谚

大雪不冻倒春寒

大雪河封住，冬至不行船

大雪晴天，立春雪多

大雪不寒明年旱

大雪下雪，来年雨不缺

寒风迎大雪，三九天气暖

大雪不冻，惊蛰不开

大雪兆丰年，无雪要遭殃

瑞雪纷纷是丰年

诗 词

江雪

（唐）柳宗元

千山鸟飞绝，万径人踪灭。

孤舟蓑笠翁，独钓寒江雪。

赏析

这是一幅江上雪景图。意境幽僻，情调凄寂。渔翁形象，精雕细琢，清晰明朗，完整突出。诗人只用了二十个字，就把我们带到一个幽静寒冷的境地。呈现在读者眼前的，是这样一幅图画：在下着大雪的江面上，一叶小舟，一位老渔翁，独自在寒冷的江心垂钓。诗人向读者展示的，是这样一份意境：天地之间是如此纯洁而寂静，一尘不染，万籁无声，渔翁的生活是如此清高，渔翁的性格是如此孤傲。在在这个寒冷寂静的环境里，老渔翁竟然不怕天冷，不怕雪大，忘掉了一切，专心地钓鱼，看上去虽然孤独，性格却显得清冷高洁，甚至有点凛然不可侵犯似的。这个被幻化了的、美化了的渔翁形象，实际正是柳宗元本人的思想寄托和写照。用具体而细致的手法来描写背景，用远距离画面来刻画主要形象，精雕细琢和极度的夸张概括，错综在一首诗里，是这首山水小诗独有的艺术特色。

夜雪

（唐）白居易

已讶衾枕冷，复见窗户明。

夜深知雪重，时闻折竹声。

赏析

　　天气寒冷，人在睡梦中被冻醒，惊讶地发现盖在身上的被子已经有些冰冷。疑惑之间，抬眼望去，只见窗户被映得明亮亮的。开篇先从触觉的"冷"写起，再转到视觉的"明"。"冷"字，暗点出落雪已多时。　"讶"字，也是在写雪。人之所以起初浑然不觉，待寒冷袭来才忽然醒悟，皆因雪落地无声。"夜深知雪重，时闻折竹声。"这才知道夜间下了一场大雪，雪下得那么大，不时听到院落里的竹子被雪压折的声响。这两句变换角度，从听觉写出。用的是倒装手法，上句是果，下句是因，构思巧妙，曲折有致。诗人的感觉细致非常，"折竹声"于"夜深"而"时闻"，显示出雪夜的宁静。这一结句以有声衬无声，使全诗的画面静中有动、清新淡雅，真切地呈现出一个万籁俱寂、银装素裹的清宁世界。

吉祥放学回家，刚推开门，便闻到一股熟悉的香气。饺子！妈妈包了饺子！吉祥兴冲冲地问妈妈："妈妈，今天什么日子啊，你包了饺子？"

爸爸走过来说："今天是冬至，要吃饺子。吃了饺子，耳朵才不会冻着呢！"

吉祥问道："为什么冬至吃了饺子不冻耳朵？"

爸爸说："传说这种习俗，是为了纪念'医圣'张仲景冬至舍药留下的。张仲景辞官回乡，正是冬季。他看到白河两岸乡亲面黄肌瘦，饥寒交迫，不少人的耳朵都冻烂了，便让他的弟子在南阳东关搭起医棚，支起大锅，在冬至那天舍'祛寒娇耳汤'医治冻疮。他把羊肉、辣椒和一些驱寒药材放在锅里熬煮，然后将羊肉、药物捞出来切碎，用面包成耳朵样的'娇耳'，煮熟后，分给来求药的人每人两只'娇耳'，一大碗肉汤。人们吃了'娇耳'，喝了'祛寒汤'，浑身暖和，两耳发热，冻伤的耳朵都治好了。后人学着"娇耳"的样子，包成食物，也叫'饺子'或'扁食'。"

37

冬至

二／十／四／节／气

WINTER
SOLSTICE ❄

冬至
简介

二十四节气·冬

《邯郸冬至夜思家》· 白居易

邯郸驿里逢冬至

抱膝灯前影伴身

想得家中夜深坐

还应说着远行人

　　冬至又称"冬节""贺冬"，二十四节气中的第二十二个，也是冬季的第四个节气、还是八大天象类节气之一，与夏至相对，一般在每年公历12月22日左右。据传，冬至在历史上的周代是新年元旦，曾经是个很热闹的日子。

　　冬至作为一个节日，至今已有两千五百年以上的历史。据记载，周秦时代以冬至为岁首过新年。也就是说，人们最初过冬至节是为了庆祝新年的到来。古人认为自冬至起，天地阳气兴作渐强，代表下一个循环开始，是大吉之日。因此，后来一般春节期间的祭祖、家庭聚餐等习俗，也往往出现在冬至。

　　冬至又被称为"小年"，一是说明年关将近，余日不多；二是表示冬至的重要性。周历的正月为夏历的十一月，因此，周代的正月等于我们现在的十一月，所以拜岁和贺冬并没有分别。直到汉武帝采用夏历后，才把正月和冬至分开。因此，也可以说专门过"冬至节"是自汉代以后才有，盛于唐宋，相沿至今。

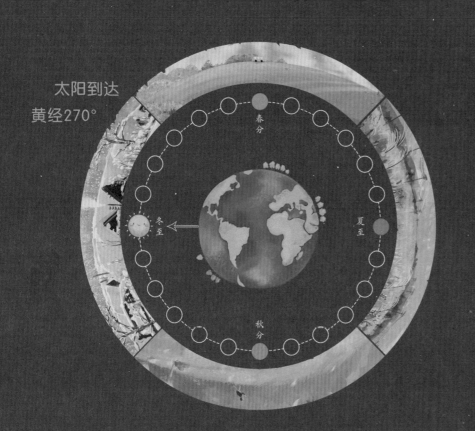

太阳到达
黄经270°

春分

冬至

夏至

秋分

　　冬至这天，太阳直射地面的位置到达一年的最南端，几乎直射南回归线（南纬23°26'）。这一天北半球得到的阳光最少，比南半球少了50%。北半球的白昼达到最短，而且越往北白昼越短。现代天文科学测定，冬至日太阳直射南回归线(又称为冬至线)，阳光对北半球最倾斜，北半球冬至过后，太阳直射点又慢慢地向北回归线转移。

　　在中国传统的阴阳五行理论中，冬至是阴阳转化的关键节气。在十二辟卦为地雷复卦，称为冬至一阳生。

　　冬至日太阳高度最低，日照时间最短，地面吸收的热量比散失的热量少，这之后便开始"数九"，每九天为一个"九"。到"三九"前后，地面积蓄的热量最少，天气也最冷，所以说"冷在三九"，而"九九"已在阴历一月、二月，我国大部分地区已入春，因此"九九艳阳天"。

冬至三候

一候 蚯蚓结

此时众多蚯蚓交缠在一起，结成块状，缩在土里过冬。传说蚯蚓是阴曲阳伸的生物，此时阳气虽已生长，但阴气仍然十分强盛，土中的蚯蚓仍然蜷缩着身体。

二候 麋角解

麋和鹿相似而不同种，鹿是山兽属阳，麋是水泽之兽而属阴。夏至一阴生，故鹿感受阴气而解角；冬至一阳生，故麋感阳气而解角。

三候 水泉动

深埋于地底的泉水，由于阳气引发，开始流动，所以此时山中的泉水可以流动并且温热。

自然现象

　　冬至前后，虽然北半球日照时间最短，接收的太阳辐射量最少，但这时地面积蓄的热量还可提供一定的补充，所以这时气温还不是最低。"吃了冬至饭，一天长一线"，冬至后白昼时间日渐增长。但是地面获得的太阳辐射仍比地面散失的热量少，所以在短期内气温继续下降。我国除少数海岛和海滨局部地区外，1月都是最冷的月份，故民间有"冬至不过不冷"之说，天文学上也把"冬至"规定为北半球冬季的开始。这对于我国多数地区来说，显然偏迟。

　　冬至期间，西北高原平均气温普遍在0℃以下，南方地区也只有6℃至8℃左右。不过，西南低海拔河谷地区，即使在当地最冷的1月上旬，平均气温仍然在10℃以上，真可谓秋去春平，全年无冬。

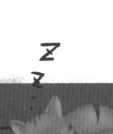

　　冬至后，虽进入了"数九天气"，但我国地域辽阔，各地气候景观差异较大。东北大地千里冰封，琼装玉琢；黄淮地区也常常是银装素裹；大江南北这时平均气温一般在5℃以上，冬作物仍继续生长，菜麦青青，一派生机，正是"水国过冬至，风光春已生"；而华南沿海的平均气温则在10℃以上，还是花香鸟语，满目春光。冬至前后是兴修水利，大搞农田基本建设，积肥造肥的大好时机，同时要施好肥，做好防冻工作。江南地区更应加强冬作物的管理，做好清沟排水、培土护根，对还没有犁过的板结土地要抓紧耕翻，以便疏松土壤，增强蓄水保水能力，并消灭越冬害虫。已经开始春种的南部沿海地区，需要认真做好水稻秧苗的防寒工作。

民间习俗

祭祀

冬至节亦称冬节、交冬。它既是二十四节气之一，也是中国的一个传统节日，曾有"冬至大如年"的说法，宫廷和民间历来十分重视，从周代起就有祭祀活动。

吃饺子

每年到冬至节气这一天，不论贫富，饺子是必不可少的节日饭。谚语说："十月一，冬至到，家家户户吃水饺。"这种习俗，传说是因纪念"医圣"张仲景冬至舍药留下的。

祭祖

在我国台湾，至今还保存着冬至用九层糕祭祖的传统，用糯米粉捏成鸡、鸭、龟、猪、牛、羊等象征吉祥如意福禄寿的动物，然后用蒸笼分层蒸成，用以祭祖，以示不忘祖宗。同姓同宗者在冬至前后约定的日子，集合到祖祠中照长幼的顺序，一一祭拜祖先，俗称"祭祖"。祭典之后，还会大摆宴席，招待前来祭祖的宗亲们。大家开怀畅饮，相互联络久别生疏的感情，称之为"食祖"。这个传统在台湾一直世代相传，以示不忘自己的根。

数九消寒

入九以后，有些文人、士大夫之类，会搞"消寒活动，"择一"九"日，相约九人饮酒（"酒"与"九"谐音），席上用九碟九碗，置办酒席的人用"花九件"招待宾客，以取九九消寒之意。

苏州冬酿酒

姑苏地区对冬至这一节气非常重视，当地有俗语说："冬至如大年。"传统的姑苏人家，会在冬至夜喝冬酿酒，冬酿酒是一种米酒，加入桂花酿造，香气宜人。姑苏百姓在冬至夜畅饮冬酿酒的同时，还会配以卤牛肉、卤羊肉等各式各样的卤菜。在寒冷的冬天，冬酿酒不仅能够驱寒，更是寄托了姑苏人对生活的一种美好的祈愿。

麻糍

麻糍是浙江、江西的特产，也是福建人的传统小吃，还是福建人祭祀时的供品。麻糍阴干后蒸、煎、火烤、砂炒皆宜。麻糍也是闽南著名小吃，其中又以南安英都出产最为出名，它的制作原料是上好糯米、猪油、芝麻、花生仁、冰糖等。麻糍香甜可口，食后耐饿，有着甜、滑的口感，且软韧、微冰。成品色泽鲜白，滑韧透明。

节气民谚

清爽冬至邋遢年，邋遢冬至清爽年。

冬至晴，正月雨；冬至雨，正月晴。

冬至晴，新年雨；冬至雨，新年晴。

冬至冷，春节暖；冬至暖，春节冷。

冬至不冷，夏至不热。

冬至暖，冷到三月中；冬至冷，明春暖得早。

冬至暖，烤火到小满。

冬至西北风，来年干一春。

诗词

小至

（唐）杜甫

天时人事日相催，冬至阳生春又来。

刺绣五纹添弱线，吹葭六管动飞灰。

岸容待腊将舒柳，山意冲寒欲放梅。

云物不殊乡国异，教儿且覆掌中杯。

赏析

    天时人事，每天变化得很快，转眼又到冬至了，过了冬至白日渐长，天气日渐回暖，春天即将回来了。刺绣女工因白昼变长而可多绣几根五彩丝线，吹管的六律已飞动了葭灰。堤岸好像等待腊月快点过去，好让柳树舒展枝条，抽出新芽。山也要冲破寒气，好让梅花开放。我虽然身处异乡，但这里的景物与故乡的没有什么不同之处，因此，让小儿斟上酒来，一饮而尽。

    这首诗写冬至前后的时令变化，不仅用刺绣添线写出了白昼增长，还用河边柳树即将泛绿，山上梅花冲寒欲放，生动地写出了冬天里孕育着春天的景象。诗的末两句写他由眼前景物唤起了对故乡的回忆。虽然身处异乡，但云物不殊，所以诗人教儿斟酒，举杯痛饮。这举动和诗中写冬天里孕育着春天气氛的基调是一致的，都反映出诗人难得的舒适心情。

47

邯郸冬至夜思家

（唐）白居易

邯郸驿里逢冬至，抱膝灯前影伴身。

想得家中夜深坐，还应说着远行人。

赏析

在唐代，冬至是个重要节日，朝廷里放假，民间互赠饮食，穿新衣，贺节，一切和元旦相似，这样一个佳节，在家中和亲人一起欢度，才有意思。如今在邯郸的客店里碰上这个佳节，将怎样过法呢？他在客店里过节，只有抱膝枯坐的影子陪伴着抱膝枯坐的身子，其孤寂之感，思家之情，已溢于言表。这个冬至佳节，由于自己离家远行，所以家里人一定也过得很不愉快。当自己抱膝灯前，想念家人，直想到深夜的时候，家里人大约同样还没有睡，坐在灯前，"说着远行人"吧！"说"了些什么呢？这就给读者留下了驰骋想象的广阔天地。每一个享过天伦之乐的人，有过类似经历的人，都可以根据自己的生活体验，想象其中的情景。

48

日历已经翻过去大部分，没剩下多少了。时间悄悄流过，转眼间元旦都过了，很快就是春节。

面对着一年中最冷的日子，吉祥可一点也不怕。他天天跟小伙伴们跑来跑去，遇到下雪，他们更是欢呼雀跃，打雪仗、堆雪人，全身一直暖和和的，经常到很晚才回家。

爸爸说："吉祥，外出运动需要有合适的量。春生夏长、秋收冬藏，是大自然的规律。中医更认为天和人应该相应，冬至到小寒、大寒的这段时间，是一年中最冷的时候，我们应该注意'冬藏'才是。"

吉祥听了爸爸的话，赶紧回到自己的小房间藏起来。

爸爸笑道："不是那个'藏'。冬藏是说冬季里，自然界中的阳气处于一种封藏的状态，春夏那种地气蒸腾的气氛都消失了，天气变得寒冷、干燥。人呢，要顺应大自然这种封藏之性，早睡晚起，晚到什么时间，要等到日出再起床。因为日出象征着阳气的强壮，此时人动，就不会被寒所伤。"

小

二／十／四／节／气

寒

小寒简介

二十四节气·冬

《窗前木芙蓉》·范成大

辛苦孤花破小寒

花心应似客心酸

更凭青女留连得

未作愁红怨绿看

　　小寒是二十四节气中的第二十三个节气，也是冬天的第五个节气，一般在公历1月5-7日之间，是干支历子月的结束以及丑月的起始。对于中国而言，这时正值"三九"前后，小寒标志着开始进入一年中最寒冷的日子。

　　小寒与大寒、小暑、大暑及处暑一样，都是表示气温冷暖变化的节气。小寒的意思是天气已经很冷，中国大部分地区小寒和大寒期间一般是最冷的时期，"小寒"一过，就进入"出门冰上走"的三九天了。

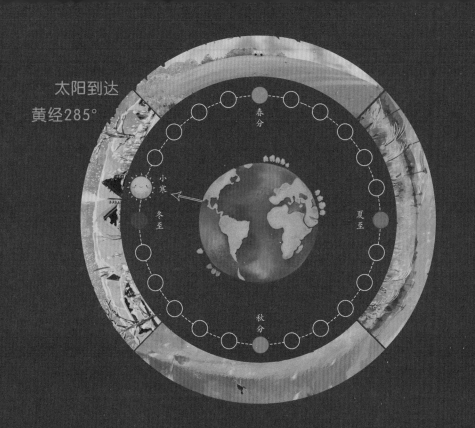

太阳到达
黄经285°

春分

小寒

冬至

夏至

秋分

天文气候

小寒之后，我国气候开始进入一年中最寒冷的时段，俗话说："冷气积久而寒。"此时，天气寒冷，而冷还未到达极点，所以称为小寒。我国大部地区从"小寒"到"大寒"节气这一时段的气温是全年最低的。"三九、四九冰上走"等古代民间谚语，都是形容这一时节的寒冷。由于气温很低，小麦、果树、瓜菜、畜禽等容易遭受冻寒。

小寒时节，北方的气温普遍在0℃以下。如北京的平均气温一般在零下5℃上下，极端最低温度在零下15℃以下；东北的北部地区，平均气温在零下30℃左右，极端最低气温可低达零下50℃以下，午后最高气温平均也不超过零下20℃，真是一个冰雕玉琢的世界。黑龙江、内蒙古和新疆以北的地区及藏北高原，平均气温在零下20℃上下，新疆的河套以西地区平均气温在零下10℃上下，都是一派严冬的景象。到秦岭、淮河一线平均气温则在0℃左右，这条线以南已经没有季节性的冻土，冬作物也没有明显的越冬期。这时的江南地区平均气温一般在5℃上下，虽然田野里仍是充满生机，但也有冷空气南下，会造成一定危害。

小寒三候

一候 雁北乡

　　古人认为候鸟中的大雁是顺阴阳而迁移，此时阳气已动，所以大雁开始向北迁移，但还不是迁移到我国的最北方，只是离开了南方最热的地方。

二候 鹊始巢

　　此时北方到处可见到喜鹊，感觉到阳气而开始筑巢。

三候 雉始鸲

　　"雉鸲"的"鸲"为鸣叫的意思。野鸡在接近四九时会感阳气的生长而鸣叫。

53

　　小寒的天气特点是：天渐寒，尚未大冷。隆冬"三九"也基本上处于本节气内，因此有时是"小寒胜大寒"，有时是"小寒、大寒，冻作一团"。"街上走走，金钱丢手"形容的正是这一节气的寒冷。

　　小寒时节，我国大部分地区已进入严寒时期，土壤冻结，河流封冻，加之北方冷空气不断南下，天气寒冷，人们叫做"数九寒天"。在我国南方虽然没有北方峻冷凛冽，但是气温也明显下降。在南方最寒冷的时候是小寒到雨水和惊蛰之间这两个时段。小寒时是干冷，而雨水后是湿冷。

小寒时节，要注意给小麦、油菜等农作物追施冬肥，做好防寒防冻、积肥造肥和兴修水利等工作。在冬前浇好冻水、施足冬肥、培土护根的基础上，寒冬季节采用人工覆盖法也是防御农林作物冻害的重要措施。当寒潮或强冷空气到来之时，泼浇稀粪水，撒施草木灰，可有效地减轻低温对油菜的危害，露地栽培的蔬菜地可用作物秸杆、稻草等稀疏地撒在菜畦上作为冬季长期覆盖物，既不影响光照，又可以降低菜株间的风速，阻挡地面热量散失，起到保温防冻的效果。遇到低温来临再加厚覆盖物做临时性覆盖。

民间习俗

吃菜饭

古时南京人对小寒颇为重视，但随着时代变迁，现已渐渐淡化，如今人们只能从生活中寻找出一点点痕迹。到了小寒，老南京一般会煮菜饭吃，菜饭的内容并不相同，有用矮脚黄青菜与咸肉片、香肠片或是板鸭丁，再剁上一些生姜粒与糯米一起煮的，十分香鲜可口。其中矮脚黄、香肠、板鸭都是南京的著名特产，可谓是真正的"南京菜饭"，甚至可与腊八粥相媲美。

俗话说："小寒大寒，冷成冰团。"南京人在小寒季节里有一套地域特色的体育锻炼方式，如跳绳、踢毽子、滚铁环，挤油渣渣（靠着墙壁相互挤）、斗鸡（盘起一脚，一脚独立，相互对斗）等。如果遇到下雪，则更是欢呼雀跃，打雪仗、堆雪人，很快就会全身暖和，血脉通畅。

吃糯米饭

广州传统，小寒早上吃糯米饭，把腊肉和腊肠切碎，炒熟，花生米炒熟，加一些碎葱白，拌在饭里面吃，味道特别香。

节气民谚

小寒大寒不下雪，小暑大暑田开裂

小寒大寒，冷成冰团

小寒不寒，清明泥潭

小寒大寒寒得透，来年春天天暖和

小寒天气热，大寒冷莫说

小寒暖，立春雪

小寒寒，惊蛰暖

小寒雨蒙蒙，雨水惊蛰冻死秧

小寒大寒，准备过年。

冷在三九，热在中伏。

小寒胜大寒，常见不稀罕。

小寒节，十五天，七八天处三九天。

送曹子方福建路运判兼简运使张仲谋

（唐）黄庭坚

江雨蒙蒙作小寒，雪飘五老发毛斑。

城中咫尺云横栈，独立前山望后山。

赏析

正是小寒时节，长江上冷雨一片迷茫，远处白雪皑皑的庐山五老峰，就像是五个须发斑白的老人一样。沉沉浓云低压在九江城头，我单独站立在庐山的前山遥望着后山，等待前往后山去访寻的仆人与朋友一起回来。

这首诗通过"雨濛""毛斑""云栈""独立"等的景物描写与情境烘托，言简意赅地表达出了诗人对朋友的敬重和思念，情真意切，在这"江雨蒙蒙作小寒"之际，尤其温暖肺腑。

早发竹下

（南宋）范成大

结束晨妆破小寒，跨鞍聊得散疲顽。

行冲薄薄轻轻雾，看放重重迭迭山。

碧穗炊烟当树直，绿纹溪水趁桥湾。

清禽百啭似迎客，正在有情无思间。

赏析

　　这首诗的前两句，先点明出发时的情景：穿好晨装，跨马出行。诗人骑着马儿沿着山道行进，迎面而来的，一是雾，二是山。雾是"薄薄轻轻"，虚无缥缈。山是"重重叠叠"，连绵不断。"薄薄轻轻雾"，"重重叠叠山"，十个字，写出了皖南山区黎明时特有的朦胧美。但是诗人所领略到的还不止于此。他坐在马背上看山中雾、雾中山，别有一番情趣。马在漫卷的轻雾中"得得"穿行，恍若冲开一道道轻纱似的帏幔，那从轻雾中闪出的重重叠叠山，仿佛是从帏幔中放出，一座又一座，千姿百态从身边闪过。"冲"，使流动的雾，化动态为静态；"放"，使静止的山化静态为动态。两者相生相映，构成了一幅扑朔迷离、奇趣横生的画面。

　　"碧穗炊烟当树直，绿纹溪水趁桥弯。"上句写炊烟，下句写溪水。碧穗般的炊烟从树顶上笔直地升起，绿绸似的溪水从小桥下弯弯地流过。这两句画意甚浓。炊烟，树丛，溪水，小桥，上下相映衬，一碧一绿，一直一弯，一静一动；在色彩、线条和态势上构成了错综变化之美，使整个画面玲珑剔透，有声有色。这首诗摄取的最后一个镜头是林间百鸟的晨歌。鸟儿是山的主人，它们迎着马背上的诗人欢呼歌唱，百啭千声。诗人心驰神醉，鸟儿们是真的有情还是出于无意，他恍恍惚惚难以分清了。

寒假到了，吉祥又可以痛痛快快地玩了。他帮着妈妈置办东西，筹备年货，也忙个不停。

爸爸拿出一本新日历，想把旧日历换下来。吉祥说："我来我来！"帮着爸爸装上，把厚厚的日历拿在手里，说："二十四节气可都在里面了呢。"

吉祥把二十四个节气都看完了，爸爸说："有一首节气歌，可以帮助把二十四个都记住。"于是念道：

"春雨惊春清谷天，夏满芒夏暑相连。

秋处露秋寒霜降，冬雪雪的小大寒。"

大寒是最后一个节气。

GREAT COLD ❄

大寒简介

二十四节气·冬

《雪望》·洪升

寒色孤村幕
悲风四野闻
溪深难受雪
山冻不流云

大寒，是全年二十四节气中的最后一个节气，一般在每年公历1月20日前后。大寒，是天气寒冷到极点的意思。冬至一阳初生后，经小寒至大寒，阳气逐渐强大，由下而上，在逼迫寒气以全部能量抵制。由此阴寒密布地面，悲风鸣树，寒野苍茫，寒气砭骨，才是大寒。但大寒后十五日，壮阳就会出地驱逐阴寒，那时就是立春。大寒节气，时常与岁末年前的相重合。大寒节气里还要为过年奔波：赶集、准备年货、写春联、准备祭祀供品、扫尘洁屋，除旧纳新。还要腌制各种腊肠、腊肉，或煎炸烹制鸡鸭鱼肉等各种年肴。

太阳到达
黄经300°

天文气候

　　"大寒"是二十四节气中的最后一个节气，这时候寒潮南下频繁，是中国部分地区一年中的最冷时期，风大，低温，地面积雪不化，呈现出冰天雪地、天寒地冻的严寒景象。但在有些年，大寒前冷空气较强，气温低，比往年同期明显偏冷，进入小寒后气温有所回升，即便到了最冷的"大寒"，也没有明显的冷空气活动，反倒比之前显得暖和。

　　这个时期，铁路、邮电、石油、输电线路、水上运输等部门要特别注意及早采取预防大风降温、大雪等灾害性天气的措施。农业上要加强牲畜和越冬作物的防寒防冻。

一候 鸡乳

鸡是木畜，提前感知到春气，到大寒节气便可以孵小鸡了。

二候 征鸟厉疾

征鸟是指鹰隼之类远飞的鸟，厉疾是厉猛、捷速。鹰隼之类的征鸟却正处于捕食能力极强的状态中，盘旋在空中到处寻找食物，以补充身体的能量抵御严寒。

三候 水泽腹坚

此时水里上下都冻透了，寒至极处，按物极必反的原理，坚冰深处春水生，冻到极点，就要开始走向消融了。在一年的最后五天内，水域中的冰一直冻到水中央，且最结实、最厚，孩童们可以尽情在河上溜冰。

自然现象

　　大寒节气，大气环流比较稳定，环流调整周期大约为20天左右。这种环流调整时，常出现大范围雨雪天气和大风降温。当东经80度以西为长波脊，东亚为沿海大槽，我国受西北风气流控制和不断补充的冷空气影响，便会出现持续低温。同小寒一样，大寒也是表示天气寒冷程度的节气。近代气象观测记录虽然表明，在我国部分地区，大寒不如小寒冷，但是，在某些年份和沿海少数地方，全年最低气温仍然会出现在大寒节气前后。大寒时节，中国南方大部分地区平均气温多在6℃至8℃，比小寒高出近1℃。"小寒大寒，冷成一团"的谚语，说明大寒节气也是一年中的寒冷时期。

　　小寒、大寒是一年中雨水最少的时段，华南大部分地区为5至10毫米，西北高原山地一般只有1至5毫米。华南冬干，越冬作物在这段时间耗水量较小，农田水分供求矛盾一般并不突出。不过"苦寒勿怨天雨雪，雪来遗到明年麦"。在雨雪稀少的情况下，不同地区按照不同的耕作习惯和条件，适时浇灌，对小麦作物生长无疑是大有好处的。这时期寒潮南下频繁，是我国大部地区一年中相当冷的时期，要特别注意及早采取预防大风降温、大雪等灾害性天气的措施，农业上要加强牲畜和越冬作物的防寒防冻。

　　大寒节气里，各地农活依旧很少。北方地区农民多忙于积肥堆肥，为开春做准备；或者加强牲畜的防寒防冻。南方地区则仍加强小麦及其他作物的田间管理。广东岭南地区有大寒联合捉田鼠的习俗，此时作物已收割完毕，平时看不到的田鼠窝大多显露出来，大寒也成为岭南当地集中消灭田鼠的重要时机。除此之外，各地人们还以大寒气候的变化预测来年雨水及粮食丰歉情况，便于及早安排农事。

备年货

大寒时节，人们开始忙着除旧布新，腌制年肴，准备年货，因为中国人最重要的节日——春节就要到了。大寒节气中充满了喜悦与欢乐的气氛，是一个喜气洋洋的节气。其间还有一个对于北方人非常重要的日子——腊八，即阴历十二月初八。在这一天，人们用五谷杂粮加上花生、栗子、红枣、莲子等熬成一锅香甜美味的腊八粥，是人们过年中不可或缺的一道主食。

祭灶

广州大寒期间，农历腊月廿三为祭灶节，自然就少不了祭灶的习俗。传说，灶王爷是玉皇大帝派到每个家中监察人们善恶的神，每年岁末回到天宫中向玉皇大帝奏报民情，让玉皇大帝定赏罚。因此，送灶时，人们在灶王像前的桌案上供放糖果、清水、料豆、秣草，其中，后三样是为灶王爷升天的坐骑备料。祭灶时，还要把关东糖用火化开，涂抹在灶王爷嘴上，这样做的目的是为了不让灶王爷说坏话。常用的灶神联往往写着"上天言好事，下界保平安"之类的字句。

尾牙祭

　　在大寒至立春这段时间，有很多重要的民俗和节庆。如尾牙祭、祭灶和除夕等，尾牙源自于拜土地公做"牙"的习俗。所谓二月二为头牙，以后每逢初二和十六都要做"牙"，到了农历十二月十六日正好是尾牙。尾牙同二月二一样有春饼（南方叫润饼）吃，这一天买卖人要设宴，白斩鸡为宴席上不可缺的一道菜。据说鸡头朝谁，就表示老板第二年要解雇谁。因此有些老板一般将鸡头朝向自己，以使员工们能放心地享用佳肴，回家后也能过个安稳年。

祭祖

　　祭祀祖先及各种神灵，祈求来年风调雨顺。此外，旧时大寒时节的街上还常有人们争相购买芝麻秸的影子。因为"芝麻开花节节高"，除夕夜，人们将芝麻秸洒在行走之外的路上，供孩童踩碎，谐音吉祥意"踩岁"，同时以"碎""岁"谐音寓意"岁岁平安"，求得新年节好口彩。这也使得大寒驱凶迎祥的节日意味更加浓厚。

节气民谚

小寒大寒，杀猪过年。

过了大寒，又是一年。

小寒大寒冻成一团。

大寒到顶点，日后天渐暖。

小寒不如大寒寒，大寒之后天渐暖。

五九、六九，沿河看柳。

冻不死的蒜，干不死的葱。

欢欢喜喜过新年，莫忘护林看果园。

春节前后闹嚷嚷，大棚瓜菜不能忘。

禽舍猪圈牲口棚，加强护理莫放松。

春节前后少农活，莫忘鱼塘常巡逻。

年好过，春难熬，盘算好了难不着。

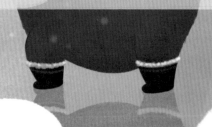

诗 词

雪望

（清）洪升

寒色孤村幕，悲风四野闻。

溪深难受雪，山冻不流云。

鸥鹭飞难辨，沙汀望莫分。

野桥梅几树，并是白纷纷。

赏析

　　这是一首冬雪诗，前四句首先交代时间：冬日的黄昏；地点：孤村。接着，从听觉方面写处处风声急，继而，采用虚实结合的手法，突出了"溪深""山冻"，紧扣一个"雪"字。后四句具体描绘雪景，以沙鸥与鹭鸶难以辨认，"汀"与"洲"不能区分来映衬大雪覆盖大地的景象。"野桥"两句写几株梅树枝头上都是白梅与积雪，令人分不清哪是白梅、哪是雪，与唐代诗人岑参的"忽如一夜春风来，千树万树梨花开"（《白雪歌送武判官归京》）有异曲同工之妙。此诗形象生动，清新别致，可谓咏雪诗中描写雪景之代表作。

村居苦寒

（唐）白居易

八年十二月，五日雪纷纷。竹柏皆冻死，况彼无衣民！

回观村闾间，十室八九贫。北风利如剑，布絮不蔽身。

唯烧蒿棘火，愁坐夜待晨。乃知大寒岁，农者尤苦辛。

顾我当此日，草堂深掩门。褐裘覆絁被，坐卧有余温。

幸免饥冻苦，又无垄亩勤。念彼深可愧，自问是何人。

赏析

在这数九隆冬、天寒地冻的日子里，农民尤其辛苦。这时的我，住在温暖的房子里，深掩着门，寒风无法吹进，坐着的时候穿着裘皮衣，睡下盖着绸子被，坐卧都很暖和。既无饥冻之苦，又不下地干活，和那些严冬之下仍在辛苦干活的农人比较，我实在惭愧，我这算是什么样的人呢？

这首诗分两大部分。前一部分写农民在北风如剑、大雪纷飞的寒冬，缺衣少被，夜不能眠，他们是多么痛苦呵！后一部分写自己在这样的大寒天却是深掩房门，有吃有穿，又有好被子盖，既无挨饿受冻之苦，又无下田劳动之勤。诗人把自己的生活与农民的痛苦作了对比，深深感到惭愧和内疚，以致发出"自问是何人"的慨叹。

古典诗歌中，运用对比手法的很多，把农民的贫困痛苦与剥削阶级的骄奢淫逸加以对比的也不算太少。但是，像此诗中把农民的穷苦与诗人自己的温饱作对比的却极少见，尤其这种出自肺腑的"自问"，在封建士大夫中更是难能可贵的。

图书在版编目（ＣＩＰ）数据

给孩子的二十四节气 / 爱华文主编.
--北京:团结出版社，2020.12
ISBN 978-7-5126-7577-3

Ⅰ．①给… Ⅱ．①爱… Ⅲ．①二十四节气－少儿读物
Ⅳ．①P462-49

中国版本图书馆CIP数据核字(2019)第284150号

出版： 团结出版社
　　　　（北京市东城区东皇城根南街84号　邮编：100006）

电话： （010）65228880　　65244790　（传真）

网址： www.tjpress.com

Email： 65244790@163.com

经销： 全国新华书店

印刷： 大厂回族自治县德诚印务有限公司

开本： 260×210　1/16

印张： 20

字数： 120千字

版次： 2020年12月　第1版

印次： 2020年12月　第1次印刷

书号： ISBN 978-7-5126-7577-3

定价： 120.00元（全4册）